BEI GRIN MACHT SICH IHR WISSEN BEZAHLT

- Wir veröffentlichen Ihre Hausarbeit,
  Bachelor- und Masterarbeit

- Ihr eigenes eBook und Buch -
  weltweit in allen wichtigen Shops

- Verdienen Sie an jedem Verkauf

Jetzt bei www.GRIN.com hochladen
und kostenlos publizieren

Alexander Erhard

AIDS in Afrika - Eine Einführung

GRIN Verlag

Bibliografische Information der Deutschen Nationalbibliothek:

Die Deutsche Bibliothek verzeichnet diese Publikation in der Deutschen National-
bibliografie; detaillierte bibliografische Daten sind im Internet über http://dnb.d-
nb.de/ abrufbar.

Impressum:

Copyright © 2009 GRIN Verlag GmbH
Druck und Bindung: Books on Demand GmbH, Norderstedt Germany
ISBN: 978-3-656-07670-4

Dieses Buch bei GRIN:

http://www.grin.com/de/e-book/183369/aids-in-afrika-eine-einfuehrung

GRIN - Your knowledge has value

Der GRIN Verlag publiziert seit 1998 wissenschaftliche Arbeiten von Studenten, Hochschullehrern und anderen Akademikern als eBook und gedrucktes Buch. Die Verlagswebsite www.grin.com ist die ideale Plattform zur Veröffentlichung von Hausarbeiten, Abschlussarbeiten, wissenschaftlichen Aufsätzen, Dissertationen und Fachbüchern.

Besuchen Sie uns im Internet:

http://www.grin.com/

http://www.facebook.com/grincom

http://www.twitter.com/grin_com

Leopold - Franzens Universität

Institut für Geschichte und Ethnologie

Proseminar aus Wirtschafts- und Sozialgeschichte

Sommersemester 2009

AIDS in Afrika – Eine Einführung

Vorgelegt von:

Alexander Erhard

Innsbruck, am 28.07.2009

1

Inhaltsverzeichnis

1. Einleitung

HIV ist die Abkürzung für *Humane Immundefizienz-Virus*. HIV ist aber auch eine Abkürzung für den Tod vieler Millionen Menschen in den letzten 20 Jahren. Der HI-Virus ist wohl die bekannteste Krankheit der Welt neben Krebs oder Grippe und bis heute ranken sich Mythen um seine Entstehung. Mehr dazu später.

HIV ist besser bekannt als Auslöser für AIDS, was wiederum die Abkürzung für *Acquired immunodeficiency syndrome*[1] ist. Eine Ansteckung mit dem HI-Virus führt nach einer längeren, meist jahrelangen Inkubationszeit zu AIDS, eine bisher noch unheilbare Immunschwächekrankheit. Die Zahlen sind erschreckend. In den letzten 20 Jahren transformierte der HI-Virus von mehreren lokalen Epidemien zur gloablen Pandemie mit schätzungsweise 25 Millionen[2] Todesopfern seit der Registrierung des Ausmaßes der Krankheit. Allein im Jahr 2007 infizierten sich 2,7 Millionen Menschen neu mit dem gefährlichen Virus, welcher durch Körperflüssigkeiten wie Blut oder Sperma verbreitet wird.

Diese Seminararbeit bearbeitet aber nicht das globale AIDS-Problem, sondern beschränkt sich auf den afrikanischen Raum. Beschränken mag das falsche Wort sein, da das subsahara gelegene Afrika die am schlimmsten betroffene Region der Welt ist. Allein 2007 gab es Schätzungen zur Folge 22 Millionen HIV Infizierte und 2,7 Millionen Neuinfektionen.

Man kann ohne Probleme in diesem Kontext vom Brandherd Afrika sprechen. In meinen Recherchen fand ich aber kaum geschichtliches Material, da wie später noch erklärt, die AIDS Registrierung, Akzeptanz und Bekämpfung noch sehr jung ist und auch eher schleppend verläuft. So wurden diverse UNAIDS[3] Berichte meine Hauptquellen, welche aber eher mit diversen Statistiken und Zahlen aufwarten konnten, als mit geschichtlichen oder geographischen Hintergründen. So versuchte ich die Zahlen und Statistiken meinerseits zu interpretieren und mit zusätzlicher Recherche zu untermauern. So habe ich in der weiteren Arbeit Afrika in seine Himmelsrichtungen aufgeteilt, durch Länderbeispiele analysiert und mit andern Ländern in verschiedenen Regionen verglichen.

---

1   dt. Übersetzung: erworbenes Immundefektsyndrom
2   Schätzung der UNAIDS
3   Erklärung des Begriffes im Kapitel „Bekämpfung von AIDS in Afrika"

2. Die Geschichte von AIDS im afrikanischen Raum

Es ist schwer zu sagen, wann die erste Person mit AIDS infiziert wurde. AIDS-Forschern ist weder die Zeit noch der Ort oder das sogenannte Wirtstier bekannt. „Es hat kaum einen Erreger gegeben, um dessen Entstehung sich mehr Mythen ranken als um die des Human Immunodeficiency Virus, kurz HIV. Die größtenteils konspirativen Theorien reichen von amerikanischen Biowaffenlabors, die ein menschengemachtes Teufelsvirus wahlweise an schwulen Häftlingen oder hilflosen Afrikanern testeten, bis hin zum etwas schlichteren Bild von einer Strafe Gottes."[4].

2006 allerdings behauptete ein internationales Forscherteam den Erreger und somit den Ursprung des HI-Viruses gefunden zu haben. Phylogenetische[5] Untersuchungen versuchten zu beweisen, dass kamerunische Schimpansen erste Überträger der gefährlichen Krankheit waren.

1959 wurde bei einer Blutprobe aus dem Kongo erstmals der HI-Virus festgestellt. Allerdings war man sich zu diesem frühen Zeitpunkt keineswegs bewusst, dass diese von den Schimpansen übertragene Krankheit der Beginn einer weltweiten AIDS-Pandemie war.

3. Ursachen für die rasante Ausbreitung in Afrika

Generell ist es schwierig, eine allgemeine Ursache für die AIDS-Ausbreitung im afrikanischen Raum zu formulieren. Aufgrund der regionalen Unterschiede ist es praktisch unmöglich die Ursachen auf den Kontinent Afrika zu reduzieren und so muss man zwischen den Regionen differenzieren. Zu diesem Punkt gelange ich aber noch später in meiner Arbeit und so möchte ich nun kurz die gängigen anerkannten allgemeinen Ursachen der AIDS-Ausbreitung erklären. Vorweg ist es vielleicht nötig zu erwähnen, dass die folgende Auflistung eher auf den Subsahara-Raum zutrifft, als auf die Nordafrikanischen Länder.

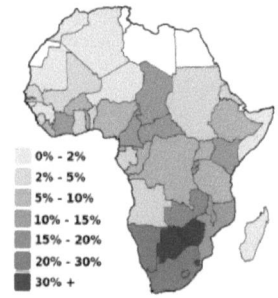

0% - 2%
2% - 5%
5% - 10%
10% - 15%
15% - 20%
20% - 30%
30% +

Abb1: Unterschiedliche AIDS-Ausbreitung in Afrika
Quelle: UNAIDS-Bericht 2001

---

4   http://www.zeit.de/online/2006/22/aids-virus-herkunft?page=1, zugegriffen am 27.04.2009 14:47
5   Phylogenese bezeichnet sowohl die stammesgeschichtliche Entwicklung der Gesamtheit aller Lebewesen als auch bestimmter Verwandtschaftsgruppen auf allen Ebenen der biologischen Systematik.

- Späte Präventivkampagnen: Anders als in Europa und Nordamerika, wo schon früh eine Art Endzeitstimmung verbreitet wurde, erreichte die Aufklärungswelle Afrika 20 Jahre zu spät.
- Fehlende Finanzen: Vielen „Afrikanern" sind die Präventivmaßnahmen schlichtweg zu teuer. HIV-Test bzw. Kondome sind leider nicht für jeden leistbar. 1998 bezahlte ein Aids-Patient eine Anfangsgebühr von 555 $, dann 2.200 US-Dollar pro Monat[6].
- Sexuelle Gewalt gegen Frauen: In Afrika ist der Prozentanteil der infizierten Frauen höher als der der infizierten Männer (57% der HIV-infizierten Erwachsenen sind Frauen[7]) . Dies ist ein markanter Unterschied gegenüber der Infizierungsverteilung in Europa bzw. Nordamerika.
- Gleichgültigkeit der Infizierten: In vielen afrikanischen Gebieten besteht kaum Interesse, bei Infizierten ihren HIV-Status zu kennen und somit andere davor zuschützen. Denn ein positives Testergebnis kommt fast einem Todesurteil gleich, da die Behandlungsmöglichkeiten nur reichen „Afrikanern" vorbehalten sind.
- Das Tabuthema: In vielen Teilen Afrika ist AIDS heute noch ein Tabuthema, das es der Krankheit erlaubt, sich seit 20 Jahren mühelos auszubreiten.
- Kulturelle Ursachen: Das sofortige Heiraten von Witwen und Polygamie begünstigen die Ausbreitung von AIDS.
- Prostitution: Infizierte Prostituierte helfen dem Virus bei seiner Ausbreitung. Dies avanciert speziell in westlichen Afrika zu einem großem Problem. In Luanda, der Hauptstadt Angolas, sind 33% der Prostituierten mit dem HI-Virus infiziert. [8]

4. Bekämpfung von AIDS in Afrika

In vielen afrikanischen Staaten haben AIDS-Aufklärer Schwierigkeiten mit der Akzeptanz des HI-Viruses innerhalb der Bevölkerung. Diese sogenannten *AIDS denialists*[9] bestreiten den Zusammenhang von HIV und AIDS oder leugnen gar die Existenz des Viruses. Ein populäres Beispiel für einen AIDS-Leugner ist der ehemalige südafrikanische Präsident Thabo Mbkei. „Südafrikas Präsident Thabo Mbeki weist jede menschliche Mitschuld an Infektion und Verbreitung der tödlichen Immunkrankheit weit von sich. Stattdessen stellt er auf einer internationalen Aids-Konferenz den Kontinent als Opfer dar: Die reichen Gesunden tun nicht genug für die unschuldig Geplagten."[10] So empfahl das südafrikanische Gesundheitsministerium auf Weisung Mbekis auf die Einnahme von antiviralen Medikamenten zu verzichten, sondern die Erkrankung mit Olivenöl,

6 http://www.bpb.de/themen/5VV3TA,0,0,Im_Kampf_gegen_HIVAids.html, zugegriffen am 28.04.2009 12:23
7   Der AIDS-Epidemie Status Bericht: Dezember 2005, UNAIDS, S.20
8   Der AIDS-Epidemie Status Bericht: Dezember 2005", UNAIDS, S. 20
9 Deut. Übersetzung nach Erhard „AIDS-Leugner"
10 WELT online, http://www.welt.de/print-welt/article522706/Afrika_und_Aids.html, zugegriffen am 27.04.2009 16:36

Knoblauch und Rote Bete zu bekämpfen.[11] Unabhängigen Schätzungen zur Folge führte die Leugnung von AIDS durch die südafrikanische Regierung zum Tod von 330 000 bis zu 343 000 Menschen und 171 000 vermeidbaren Neuinfektionen.[12]

Doch das Umlernen möglich ist, zeigt ein positives Beispiel: Uganda. Einst war dieses ostafrikanische Land eine Region mit der höchsten Infektionsrate, aber durch eine konsequente Aufklärungspolitik der Regierung konnte in jüngster Zeit die AIDS-Todesspirale gebremst werden. „Afrikas Eliten sollten sich hieran ein Beispiel nehmen, anstatt weiterhin borniert und beleidigt die Schuld in Übersee zu suchen."[13]

Auf Grund jüngster Ereignisse möchte ich auch noch einen Punkt hervorheben, der die AIDS-Bekämpfung in Afrika erschwert: die christlich katholische Religion. Auf seiner jüngsten Afrikarundreise behauptete Papst Benedikt XIV., dass die Benutzung von Kondomen viel mehr das Problem AIDS verschlimmern anstatt zu lösen.[14] Da Afrika ein fruchtbarer Boden für die katholische Kirche ist, bewirken solche Behauptungen natürlich das Umdenken der gläubigen Bevölkerung.

Jedoch möchte ich in meiner Arbeit nicht auf den geschichtlichen Charakter vergessen. Aufgrund der langen Ignoranz der Krankheit unsererseits ist es extrem schwierig zu bestimmen, wann der Kampf gegen AIDS begonnen wurde. Ersten wusste niemand wirklich, um was es sich beim HI-Virus in Wirklichkeit handelt, noch waren die durch AIDS verschuldeten Todesfälle in der westlichen Welt zu gering, um sich ernsthaft Sorgen machen zu müssen.

Erst 1988 begann die Weltbank, Projekte gegen AIDS und HIV zu unterstützen. In Afrika subventioniert die Weltbank staatliche Anti-AIDS Kampagnen im Rahmen des ins Leben gerufenen "Multi-Country AIDS Program for Africa[15]" (MAP) und der kleineren Unterorganisation „Treatment Acceleration Prgramm" (TAP)[16]. In der ersten wirklich großen Geldgeberphase finanzierte MAP 39 nationale und regionale AIDS-Projekte in Afrika mit einem Volumen von 1,286 Milliarden US Dollar. Diese beiden Programme zum Kampf gegen AIDS bestehen immer noch, allerdings sind sie nun Teile des 1996 gegründeten Joint United Nations Programme on HIV/AIDS (UNAIDS).

UNAIDS ist eine der UNO untergeordnete Organisation mit Hauptsitz in Genf. Seit ihrer Gründung war Paul Piot, der Untergeneralsekretär der Vereinten Nationen , Vorsitzender, bis er Ende 2008 von dem aus Mali stammenden Michel Sidibé abgelöst wurde.

---

11 http://www.spiegel.de/politik/ausland/0,1518,584738-2,00.html, zugegriffen am 27.04 16:44

12 P. Chigwedere, G. Seage, S. Gruskin et al.: Estimating the Lost Benefits of Antiretroviral Drug Use in South Africa.: J Acquir Immune Defic Syndr. 2008 In: J Acquir Immune Defic Syndr. OKT 2008 Nicoli Nattrass: AIDS and the Scientific Governance of Medicine in Post-Apartheid South Africa. In: African Affairs 2008 107(427):157–176

13 http://www.welt.de/print-welt/article522706/Afrika_und_Aids.html, zugegriffen am 27.04.2009 16:53

14 http://www.spiegel.de/panorama/0,1518,613810,00.html, zugegriffen am 27:04 17:16

15 http://web.worldbank.org/WBSITE/EXTERNAL/COUNTRIES/AFRICAEXT/EXTAFRHEANUTPOP/EXTA FRREGTOPHIVAIDS/0,,contentMDK:21371947~menuPK:3880580~pagePK:34004173~piPK:34003707~theSiteP K:717148,00.html, zugegriffen am 28.04.2009 12:31

16 http://www.uneca.org/tap/, zugegriffen am 28.04.200913:35

UNAIDS hat es sich zur Aufgabe gemacht, AIDS nicht nur am medizinischen, sondern am sozialen Sektor zu bekämpfen. Dabei werden die gesellschaftlichen Aspekte, die die Krankheit mit sich bringt, erfasst, dokumentiert und erforscht. Zwei mal pro Jahr wird dann ein Bericht publiziert, der sogenannte „Report on the global AIDS epedemic".

So erarbeitete die Organisation 2003 die „Three-Ones" Kernprinzipien[17]:

1. Eine Strategie zur HIV/AIDS-Bekämpfung
2. Eine nationale, multisektorale AIDS-Koordinationsstelle
3. Ein landesweites Monitoring- und Evaluierungssystem

„Die „Three Ones" sollen durch gemeinsame Ansätze, klare Kompetenzverteilung und Vereinheitlichung von bürokratischen Vorschriften die Eigenanstrengungen der Partner stärken und Entwicklungszusammenarbeit zwischen Gebern und Partnerländern intensivieren, um dadurch die Wirksamkeit der EZ insgesamt zu steigern."[18]

Man darf die UNAIDS also nicht falsch verstehen. UNAIDS forscht nicht an vorderster Front, also in den betroffenen Regionen, sondern „UNAIDS bündelt die HIV/Aids-Aktivitäten der Trägerorganisationen durch einheitliche Strategieplanung und Implementierung weltweiter Kampagnen und länderspezifischer Programme vor Ort."[19] Dies bedeutet, dass die UNAIDS nichts anderes als eine große Steuerzentrale ist, die afrikaweit die AIDS Forschung koordiniert. Zum Beispiel werden die Arbeiten und Projekte der Weltbank, UNICEF (UNO-Kinderhilfswerk) oder auch der WHO (World Health Program) notfalls gebündelt, um ihre Effektivität zu steigern.

Finanziert wird UNAIDS von verschiedenen Nebenorganisationen der UNO und andern regierungsunabhängigen Institutionen, wie zum Bespiel der Internationalen Arbeiterorganisation (ILO).

Eine weitere erwähnenswerte Anti-AIDS Initiative ist die „President's Emergency Plan for AIDS Relief „ (PEPFAR). Dabei handelt es sich um ein von George W. Bush 2003 ins Leben gerufenes Programm. Die Organisation ist einer der größten Geldgeber im Kampf gegen HIV/AIDS mit einem 5-Jahresbudget von 15 Milliarden US Dollar. Davon gehen 10 Milliarden an die so genannten 15 „focused states", zu denen unter anderem Kenia, Botswana und Nigeria zählen. 4 Milliarden US Dollar werden an andere Länder, die nicht in der Liste der „focused states" aufscheinen, ausgezahlt. Die letzte Milliarde wird zur Unterstützung in einen unabhängigen globalen Fond (Abkürzung: GFATM[20]) eingezahlt. Dieser Fond stellt nicht nur Mittel zur Erforschung von AIDS und dem HI-Virus, sondern widmet sich auch anderen tropischen Krankheiten, wie Malaria und Tuberkulose.

---

17 http://www.unaids.org/en/CountryResponses/MakingTheMoneyWork/ThreeOnes/, zugegriffen am 28.04.2009 14:47
18 Ausschuss für wirtschaftliche Zusammenarbeit und Entwicklung Öffentliche Anhörung am 11. Mai 2005,„ Internationale Koordinierung und Harmonisierung der Bekämpfung von HIV/Aids", Deutscher Bundestag, S.2
19 Der Fischer Weltalmanach. Fischer Taschenbuch Verlag in der S. Fischer Verlag GmbH, Frankfurt am Main 2008.
20 Global Fund to Fight AIDS, Tuberculosis and Malaria

Bereits in diesem Jahr wurde das 5-Jahresbudget (2009-2013) des PEPFAR auf 48 Milliarden US-Dollar aufgestockt. Das PEPFAR Programm ist aber nicht nur wegen seiner Liquidität etwas besonders, sondern auch auf Grund der heftigen Kritik am selbigen. Andere Anti-AIDS Organisationen bemängeln an PEPFAR, dass die Mittelvergabe zu sehr von der Ideologie der Bush Regierung beeinflusst ist. „Ein beachtlicher Teil der Summe soll in Programme fließen, die auf sexuelle Enthaltsamkeit und eheliche Treue setzen. Experten fürchten, dass vielversprechende alternative Bemühungen, der Aids-Epidemie beizukommen, auf der Strecke bleiben könnten. Stein des Anstoßes sind z.b Vorgaben, lediglich Hauptrisikogruppen wie Prostituierte mit Kondomen zu versorgen. Ebenso umstritten ist der reduzierte Zugriff auf sogenannte antiretrovirale Medikamente (ARV), die bereits als kostengünstige Generika vorliegen. Nach Angaben der US-amerikanischen Entwicklungshilfebehörde (USAID) sollen bis zum Ende des Fünfjahresplans 60.000 Ugander mit ARV behandelt werden."[21]

5. AIDS in Nordafrika

„Das Fortschreiten der AIDS Epidemie [...] in Nordafrika ist ungebremst."[22] Allerdings muss man dazu sagen, dass die HIV-Prävalenzraten im Vergleich zum südlichen Afrika geringer sind. Interessant ist auch, dass die Neuinfektionsraten verhältnismäßig stabil bleiben. 2005 infizierten sich in den Ländern Nordafrikas Schätzungen zur Folge ca. 67 000 Menschen mit dem HI-Virus. 2005 lebten in diesen Ländern ca. 510 000 mit AIDS infizierte Menschen. 2008 infizierten sich „nur mehr" 40 000 Menschen neu und es lebten ungefähr 380 000 Menschen mit dem HI-Virus.[23] Wie ist das möglich? Es ist kaum zu glauben, dass man das Fortschreiten von AIDS hatte eindämmen können. Aber das würde ja im Konflikt mit dem oben zitierten Fazit des UNAIDS Bericht kommen. Generell sollte man wissen, dass die AIDS-Überwachung in den Ländern nördlich der Sahara sehr schwach ausgeprägt ist und daher die Zahlen auch ungenau sind. So wird in den UNAIDS Berichten immer ein Mittelmaß errechnet. Ein Beispiel: „Schätzungen zufolge starben 58.000 [25.000–145.000] Erwachsene und Kinder im Jahr 2005 an Krankheiten, die mit AIDS in Zusammenhang stehen."[24] Daraus sieht man, dass es praktisch unmöglich ist zu bestimmen, in welchem Ausmaß sich AIDS in Nordafrika ausbreitet.

Bekannt ist aber, dass in den nordafrikanischen Ländern Marokko, Algerien, Libyen, Sudan und Somalia die Zahl der Neuinfektionen am stärksten steigt.

---

21 http://www.afrika.info/archiv_detail.php?N_ID=118&kp=news, zugegriffen am 29.04.2009 18:20
22 Global Report on AIDS epidemic: December 2005, S.82
23 Global report on AIDS epidemic: December 2008, S.59
24 Global report on AIDS epidemic: December 2005, S.82

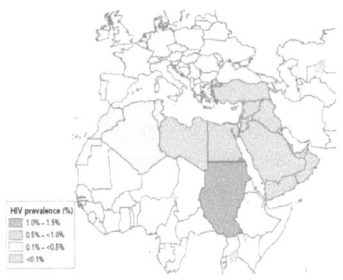

Abb2.: Prozentsatz der HIV-Infizierten an der Gesamtbevölkerung 2008
Quelle: Global report on AIDS epidemic: December 2008

Der Hauptübertragungsweg des HI-Virus in diesen Ländern ist ungeschützter Geschlechtsverkehr, obwohl der intravenöse Drogenkonsum in einigen Ländern zu einem großen Problem wird. Zum Beispiel is in Libyen die Wiederverwendung von gebrauchten Spritzen bereits die vorherrschende Ursache für die Übertragung des HI-Virus. Infektionen auf Grund kontaminierter Blutprodukten, wie Blutinfusionen, nehmen in Nordafrika allgemein ab. Ihre Zahl sank von 12% im Jahr 1993 auf gerade einmal 0,4% im Jahre 2003.[25]

Wie in Abb2. zu erkennen ist, ist der Sudan das am schlimmsten betroffene Land Nordafrikas, gefolgt von Algerien und Marokko. Ich will in Folge ein wenig mehr auf den Sudan eingehen. Auch wenn sich die Präventionsanstrengungen im Sudan in den letzten zehn Jahren unglaublich gesteigert haben, ist es jedoch erstaunlich, dass nach einer Umfrage, nur ¾ der schwangeren Frauen jemals von AIDS gehört haben. Auch glaubten 1/5 der befragten Frauen, dass es möglich sei, sich mit HIV zu infizieren, wenn man mit einem Infizierten zusammen isst. Nur 5% der Befragten wussten, dass ein Kondom die Infektion mit dem HI-Virus verhindern kann und 2/3 der Frauen hat noch nie von einem Kondom gehört beziehungsweise eines gesehen.[26] 55% der Personen mit besonderem Risiko einer Infektion, wie Prostituierte, sagten aus, dass sie noch nie von einem Kondom gehört haben und gerade einmal 17% der Befragten wusste, dass ein Kondom eine HIV-Übertragung verhindern kann.[27]

6. AIDS in Ostafrika

Während die Epidemie im nördlichen und südlichen Afrika an Stärke gewinnt, bleiben die Prävalenzraten im ostafrikanischen Raum konstant oder gehen sogar leicht zurück. Seit Mitte der 90er Jahre ist die HIV Infektion von schwangeren Frauen rückläufig. Besonders erwähnenswert dabei ist Uganda und der städtische Raum in Kenia. „Der stärkste Rückgang der Prävalenz war

---

25 WHO/EMRO Schätung 2005
26   Nationales AIDS-Kontrollprogramm Sudan, 2004a (UNAIDS Global Report on AIDS epidemic)
27   Nationales AIDS-Kontrollprogramm Sudan, 2004b (UNAIDS Global Report on AIDS epidemic)

9

unter Schwangeren in den städtischen Ballungsräumen Kenias zu beobachten"[28]. In diesen beiden Ländern sind wahrscheinlich gut koordinierte Aufklärungsprogramme der Grund für zurückgehende AIDS Raten. Allerdings sind beiden Regionen leider die einzigen positiven Beispiele, denn in den restlichen ostafrikanischen Ländern, wie Tansania, blieb die Prävalenzrate auf gleichem Niveau. Doch wie ist es möglich, dass ein Land wie Uganda es schafft, die AIDS Epidemie im Land einzudämmen? Uganda begann Mitte der 90er Jahre mit großen staatlichen Aufklärungsprogrammen und versuchte, den Behandlungsraum auf die ländlichen Gebiete auszuweiten. So erhielten nach Schätzungen der WHO 2005 mehr als 1/3 der HIV-Positiven antivirale Medikamente. Damit schaffte man es die Infizierungsraten innerhalb von fast 10 Jahren bei Männern von 15% (1993) auf 9% (2003) und bei den Frauen von 20% (1993) auf 13% (2003) zu senken.[29]

Im vorher schon angesprochenen Tansania leben einer aktuellen Umfrage zur Folge 7% der Gesamtbevölkerung mit dem HI-Virus. Allerdings kann man davon ausgehen, dass es sich in der Realität um einen ungleich höheren Prozentsatz handelt, da besonders im ländlichen Raum AIDS immer noch eine Art Tabuthema ist. „Es gibt darüber hinaus Anzeichen dafür, dass die HIV Stigmatisierung anhält: rund die Hälfte der befragten Männer und Frauen gaben an, dass sie, falls sich ein Familienmitglied mit HIV infizieren würde, diese Tatsache lieber geheim halten würden."[30] In Tansania zeigen die offiziellen Zahlen, dass fast doppelt so viele Menschen im städtischen Bereich infiziert sind als in den ländlichen Gebieten. Das hängt auch damit zusammen, dass infizierte Ehemänner oft auch noch ein außereheliches Verhältnis haben. So ergab eine Umfrage, dass „40% der verheirateten Männer [...] in den ländlichen Bereichen des Landes eine außereheliche sexuelle Beziehungen unterhielten."[31]

Ich möchte noch eine Region Ostafrikas behandeln: Somalia. Somalia ist ein seit Jahren krisengeschütteltes Gebiet, ohne UNO Anerkennung, einer funktionierende Regierung oder gar ein flächendeckenden Gesundheitswesen. Daher ist es auch schwierig, das Ausmaß der AIDS-Epidemie dort zu kennen. Durch die zahlreichen Kriege in dieser Region, hat vorerst der „Wiederaufbau" Priorität und nicht AIDS. So konnte man erst 2003 feststellen, dass der Virus in Somalia flächendeckend wütet, allerdings ohne die genauen Zahlen zu wissen.

28 Global Report on AIDS epidemic: December 2005, S.30
29 Global Report on AIDS epidemic: December 2005, S.30
30 Global Report on AIDS epidemic: December 2005, S.29
31 Nko S et al., 2004

7. AIDS in West- und Zentralafrika

Die Intensität der AIDS Epidemie in West- und Zentralafrika ist von Land zu Land sehr unterschiedlich, historisch gesehen kann man aber behaupten, dass dieser Teil Afrikas weniger stark betroffen ist als der Südliche. Kein west- bzw. zentralafrikanisches Land überschreitet die 10% Prävalenzrate und es hat auch nicht den Anschein, dass sich dies ändern wird.

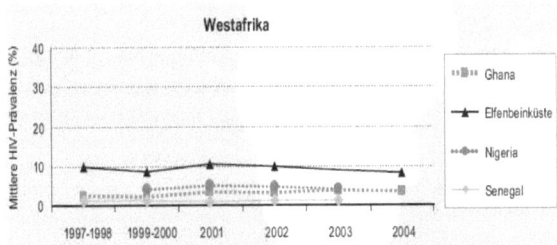

Abb3.: Mittlere HIV-Prävalenz schwangerer Frauen, die Kliniken oder Praxen zur Schwangerenvorsorge im südlichen Afrika aufsuchen, 1997/98 – 2004

Quelle: Global Report on AIDS epidemic 2005

Allerdings leben in Nigeria mehr HIV Positive, mit Ausnahme Südafrikas, als in irgendeinem anderen afrikanischen Staat. Ende 2003 betrug die offizielle Zahl der Infizierten zwischen 3,2 und 3,6 Millionen Menschen[32]. Bei einer geschätzten Bevölkerung von 140 000 000 Menschen[33] ist dieser Prozentsatz aber immer noch im Rahmen des Überschaubaren.Seit den 80er Jahren ist aber eine starre Entwicklung zu erkennen. Die mittlere Prävalenzrate bei schwangeren Frauen stagniert bei ca. 4%, doch mit großen regionalen Schwankungen.

Auch an der Elfenbeinküste hat sich die Prävalenzrate vor allem bei schwangeren Frauen bei 10% eingependelt. Dort zeigen die Aufklärungsprogramme der Regierung ihre Früchte. Da in den letzte Jahren vor allem in die Aufklärung in der Prostituiertenszene investiert wurde, ist es erfreulich, dass die Infizierungsrate mit dem HI-Virus in dieser Arbeitssparte leicht zurückgeht. Dies ist aber leider nur ein älterer Wissensstand, da politische Ausschreitungen und ein beinahe geführter Bürgerkrieg das Erfassen von neuen Daten verhindert hat.

Neben Nigeria ist auch im zentralafrikanischen Kamerun die AIDS Epidemie deutlich spürbar. Einer Schätzung zur Folge ist auf nationaler Ebene eine von zehn Frauen im Alter zwischen 25 und 29 Jahren mit dem HI-Virus infiziert. Die nationale Prävalenzrate liegt bei ca. 5,5 %[34], jedoch schwankt diese wie in fast jedem afrikanischem Land zwischen dem ländlichen und urbanen Raum.

---

32 Global Report on AIDS epidemic: December 2004
33 Vanguard: Census puts Nigeria at 140 000 000
   http://www.vanguardngr.com/articles/2002/headline/f130122006.html, zugegriffen am 20.07.2009
34 Gesundheitsministerium Kamerun, 2004 (UNAIDS Daten)

8. AIDS im südlichen Afrika

Das südliche Afrika wird weltweit als Epizentrum der globalen AIDS-Epidemie gesehen. Alleine das von politischen Unruhen zerrüttete Simbabwe zeigt in der Statistik eine rückläufige Prävalenzrate von 26% infizierter schwangerer Frauen auf 21%. Wie sehr man den Daten des Landes unter dem Regime des Diktators Mugabe Glauben schenken darf, ist fraglich. Halbwegs verlässliche Daten erhält man allerdings aus Südafrika, dem wohl meist genannten Land im Zusammenhang mit AIDS-Bekämpfung. Bemerkenswert an Südafrika ist, aber eher im negativen Sinn, mit welcher Geschwindigkeit sich der HI-Virus binnen 10 Jahren ausgebreitet hat. 1990 lag die Infiziertenrate noch unter 1% und schnellte innerhalb von 10 Jahren auf fast 25% hoch. In der am schlimmsten betroffenen Provinzen Südafrikas KwaZulu-Natal, sogar auf über 40%. Doch auch in den übrigen Provinzen wird die Prävalenzrate auf zwischen 27% und 31% geschätzt.

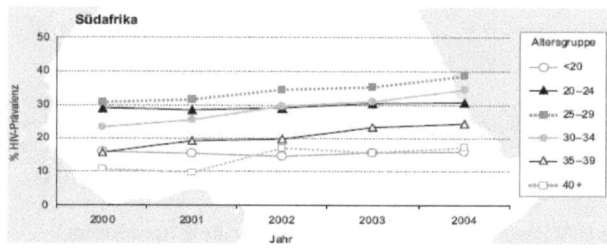

Abb4: HIV-Prävalenz unter Schwangeren, die in Südafrika Kliniken und Praxen zur Schwangerenvorsorge aufsuchen, nach Altersgruppe, 2000 – 2004 Quelle: Nationale Studie zur antenatalen HIV- und Syphilis-Prävalenz in Südafrika 2004

Leider sind die erhaltenen Daten alles andere als erfreulich, im Gegenteil; die HIV-Prävalenz unter schwangeren Frauen hat im Jahr 2005 einen neuen Höchststand erreicht: „29,5% [Bandbreite 28,5– 30,5%] der Frauen, die die Schwangerenvorsorge aufsuchten, waren im Jahr 2004 HIV-positiv.[35]" Dies sind die höchsten Infektionsraten der Welt und Zahlen wie die vorigen unterstreichen die absolute Notwendigkeit nach intensiven Vorsorge- bzw. Bekämpfungsmaßnamen. Generell liegt der Anteil infizierter schwangerer Frauen mittlerweile bei mehr als 20%. Die höchste Infiziertenrate hat die Gruppe der 25-29 jährigen Schwangeren, bei der fast ein Drittel der Frauen mit dem HI-Virus infiziert ist.

Erschreckend ist, dass Südafrika aber immer noch ein wenig der gänzlichen Entwicklung der AIDS-Epidemie hinterherhinkt und man mit einer Verschlechterung der Situation rechnen muss[36]. Doch bereits jetzt zahlt das Land einen fürchterlichen Tribut, denn ganzen Generationen sterben durch die Immunkrankheit.

---

35 Gesundheitsministerium Südafrika, 2005 (Global Report on AIDS epidemic: December 2005), S.25
36 UNAIDS: Gloabl report on AIDS epidemic 2005, S.26

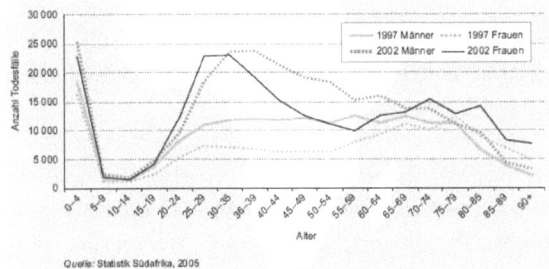

Abb5: Verteilung der Todesfälle auf Männer und Frauen in Südafrika, 1997 und 2002
Quelle: Statistik Südafrika 2005

Eine kürzlich von UNAIDS präsentierten Studie belegt, dass die Zahl der Todesfälle der über 15-Jährigen in einem Zeitraum von nur fünf Jahren um ca. 60% gestiegen ist. Die Werte in den anderen Altersklassen (siehe Abb5) haben sich im Großen und Ganzen meist verdoppelt.
Auch in anderen Ländern des südlichen Afrikas herrscht eine Prävalenzrate von bis zu 30% und mehr vor. Bekannte Beispielländer dafür sind Botswana, Lesotho, Swaziland oder Namibia.
Den höchsten Wert an HIV positiven schwangeren Frauen hat ohne Zweifel Swaziland. Die HIV-Prävalenz wurde 2005 mit 43% bemessen. Es ist nicht leicht, sich unter diesem extremen Prozentsatz etwas vorzustellen. Um die ganze Sache eher zu verdeutlichen, gibt es einen einfache Gleichung: Swaziland hat eine Gesamtbevölkerung von 1 100 000, wovon ca.die Hälfte Frauen sind. Dies würde 550 000 Frauen im Land bedeuten und davon leiden 43% an AIDS, was wiederum eine Gesamtzahl von allein 236 500 infizierten schwangeren Frauen ergibt. Natürlich klingt diese Zahl im Gegensatz zu den 3,6 Millionen Infizierten in Nigeria eher klein, allerdings hoch gerechnet auf die Gesamtbevölkerung des Landes kann man das schreckliche Ausmaß der AIDS-Epidemie in Swaziland erkennen. Denn zu den infizierten schwangeren Frauen kommen auch noch die Männer, deren Rate um die 40% liegt. So könnte man fast behaupten, dass halb Swaziland praktisch dem Tode geweiht ist.
Ein etwas eigenartiges Beispiel zum AIDS Problem im südlichen Afrika ist das Land Malawi. Hier könnte man fast sagen, dass eine HIV Prävalenzrate um die 7%[37] eine positive Ausnahme in dieser Region ist. Doch wie bei vielen anderen Berichten darf man nicht auf das klein Geschriebene vergessen. So bemerkt der UNAIDS Bericht von 2005, dass gerade ein Ort (namentlich nicht genannt[38]) die oben genannte 7% Marke erreicht, doch mit zunehmender Distanz zu diesem Ort auch die Prävalenzrate stetig zunimmt bis hin zu einem Maximum von 33% im südlichen Teil des Landes.
Ein weiterer HIV-Brandherd ist Botswana. Dieses wirtschaftlich aufstrebende Land im südlichen Afrika leidet extrem unter der AIDS Epidemie. Seit 2001 hat sich zwar die Prävalenzrate unter Schwangeren stabilisiert, aber bei Werten zwischen 33% und 37% kann man kaum von

---

37 UNAIDS Report on gloabl AIDS epidemic: December 2005, S. 26
38 Autor geht von der Hauptstadt Linongwe aus

erfolgreicher AIDS Bekämpfung sprechen. Noch dazu kann man die oben genannten Werte nur für die Altersklasse zwischen 15-24 Jahren sehen. Zum Beispiel steigt die HIV-Prävalenz in der Altersgruppe 35 und älter seit 1992 stetig an und erreichte 2003 den Extremwert von 43%. Diese Zahlen basieren aber alle auf Schätzungen und jedes Jahr veröffentlicht das Gesundheitsministerium von Botswana neue Zahlen, welche oftmals versuchen, die Prävalenzraten nach unten zu korrigieren. „Die neue Schätzung sollte jedoch mit Vorsicht betrachtet werden, da der extrem hohe Anteil der Antwortverweigerungen (44% der Teilnehmer weigerten sich, auf HIV getestet zu werden) die Ergebnisse verfälscht und eine Unterschätzung der HIV-Prävalenz zur Folge gehabt haben könnte.[39]"

Nun stellt sich die Frage, wieso gerade der südliche Teil des afrikanischen Kontinents derartig vom HI-Virus heimgesucht wird. Viele Staaten (zb. Südafrika, Botswana, Namibia) sind wirtschaftlich eher aufstrebende Länder. Auch die Bevölkerungszahlen sind überschaubar und können nicht miteingerechnet werden, da es sich sonst nicht erklären ließe, dass zum Beispiel Nigeria nicht noch stärker betroffen ist. Laut dem UNAIDS Bericht von 2005 hängen die extrem hohen Prävalenzraten gerade eben von diesem wirtschaftlichen Wachstum der südlichen Staaten ab. Ein Beispiel: In dem zuvor nicht erwähnten Land Mozambique, touristisch und wirtschaftlich wachsend, stiegen die HIV Prävalenzraten unter Erwachsenen im Zeitraum 2002-2004 von 14% auf etwas mehr als 16%, „dabei verbreitete sich HIV am schnellsten in den Provinzen, in denen die Haupttransportwege des Landes als Verbindung zu Malawi, Südafrika und Simbabwe liegen. Unter den Schwangeren in Caia (an der Eisenbahnverbindung mit dem südlichen Malawi gelegen) verdreifachte sich die HIV-Prävalenz von 7% im Jahr 2001 auf 19% im Jahr 2004 [...]. Hohe Infektionsraten sind auch in der Provinz Gaza zu erkennen, die direkt an die Länder Simbabwe und Südafrika angrenzt (und eine der Hauptquellen der Arbeitsmigranten für die Industriebetriebe und Farmen in Südafrika ist), dies gilt ebenso für die Provinz Sofala, die von der Hauptexportroute nach Simbabwe durchschnitten wird.[40]"

39 UNAIDS Report on Global AIDS epidemic: December 2005, S.28
40 Global Report on AIDS epidemic: December 2005, S. 26-27

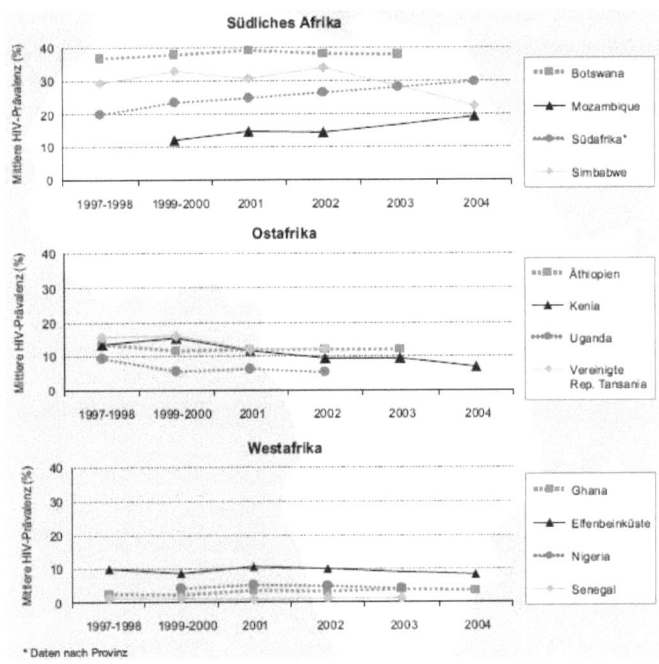

Abb6: Mittlere HIV-Prävalenz schwangerer Frauen, die Kliniken oder Praxen zur Schwangerenvorsorge im südlichen Afrika aufsuchen, 1997/98 – 2004

Quelle: UNAIDS Report on Global AIDS Epidemic: December 2005[41]

Ein weiteres, umso pikanteres Beispiel, das ich in einem Gespräch mit meiner Schwester[42] hörte: In den Townships rund um Kapstadt[43] herrscht der Mythos, dass man, falls man mit dem HI-Virus infiziert ist, nur mit einer Jungfrau schlafen müsse um wieder geheilt werden. Dies dient allerdings nur als Randnotiz, da keine genauen Zahlen vorliegen, wie viele Frauen durch diesen Irrglauben infiziert wurden. Sicher ist allerdings, dass die Vergewaltigungsrate von Frauen in den Slums von Südafrika (vornehmlich Kapstadt und Johannesburg) bei ca. alle 3 Sekunden liegt. Böse gesagt:

---

41   Gesundheitsministerium, Bericht zur Aktualisierung der epidemiologischen HIV-Kontrolldaten 2004 (Mozambique); Gesundheitsministerium, Nationale antenatale HIV- und Syphilis-Seroprävalenzstudie Südafrika 2004 (Südafrika); Ministerium für Gesundheit und Kinder, ANC HIV Kontrollstudie 2004 Berichtsentwurf (Simbabwe); Gesundheitsministerium – Nationales AIDS-/Geschlechtskrankheitskontrollprogramm, HIV-Kontrollstudie 2004; (Kenia) UNAIDS (Vereinigte Republik Tansania); Gesundheitsbehörde Ghana, Nationales Kontrollprogramm AIDS/sexuell übertragbare Infektionen, 2004 HIV-Kontrollbericht (Ghana); WHO Regionalbüro Afrika (Elfenbeinküste); Conseil National de Lutte Contre le SIDA, Bulletin Epidemiologique No.11 de la Surveillance Sentinelle (Senegal); angepasst von Asamoah-Odei, et al. HIV-Prävalenz und Trends im südlichen Afrika: kein Rückgang und große subregionale Unterschiede. Lancet, 2004 (Botswana, Äthiopien, Uganda, Nigeria). (an UNAIDS weiter gegebene Daten)
42 Arbeitete ein halbes Jahr in Durban, Südafrika, in den Townships
43 Stadt in Südafrika

15

Eine AIDS Export Statistik. Doch dies sind alles nicht beweisbare Zahlen. Beweisbar ist allerdings, dass es 2009 bereits über 50 000 gemeldete Vergewaltigungen gab[44], die Dunkelziffer mag sicherlich viel höher liegen.

9. Fazit

„Im südlichen Afrika, in Ostafrika sowie in Teilen Zentralafrikas werden die schweren AIDS Epidemien höchstwahrscheinlich noch einige Zeit andauern. Der zu verzeichnende Rückgang in Uganda und in der letzten Zeit auch in Kenia und Simbabwe bestätigt, dass die Epidemien auf HIV-spezifische Interventionen reagieren.In Bezug auf die hohen Prävalenzzahlen ist es jedoch ebenso notwendig, die zugrunde liegenden sozialökonomischen und soziokulturellen Entwicklungen, die zur Anfälligkeit führen, zu bekämpfen, so dass in den Bereichen, in denen sich ein Rückgang abzeichnet, dieser unterstützt, und in den Bereichen, in denen es noch keinen Rückgang gibt, ein solcher erreicht werden kann[45]."

Das obige Zitat ist nicht ein Ausschnitt aus der seitenlangen Hilfestellung für Afrika, nein, es handelt sich um das vollständige Fazit des UNAIDS Berichts von 2005 über das AIDS-Problem in Afrika. Ich hatte mir beim Lesen der Sektion Afrika zumindest einige Verbesserungsvorschläge oder etwaige Finanzierungsanalysen erhofft, doch wurde nur mit diesem dürftigen 8-Zeiler abgespeist.

Doch wie kann das sein? Ein so ein massives Problem und ein so kurzes Fazit? Meiner Meinung nach hat das nichts mit Gleichgültigkeit gegenüber Afrika zu tun, sondern eher damit, dass es einfach noch nicht vollständig möglich ist, die Epidemie einzuschätzen. Die Krankheitsausbreitung hat noch lange nicht ihren Höchststand entwickelt und es bleibt nichts anderes übrig, als auf die allseits bekannten Bekämpfungsmaßnamen zu verweisen: Bildung, Aufklärungsprogramme und Kostensenkung von Verhütungsmitteln bzw. im Krankheitsfall von Medikamenten.

Doch bisher zeigten diese Maßnahmen nur wenig Erfolg, vielleicht weil auch der HI-Virus erst „seit kurzem" bekannt ist, doch sobald ein stetiger Rückgang zu erkennen ist und somit auch ein Greifen der Gegeninvestitionen, kann eine Analyse erarbeitet werden. So ist es nur eine Momentaufnahme eines wachsenden Problems.

Jedoch wäre es vielleicht doch hilfreich, wenn es einen etwas multinationaleren Überblick geben würde. Im UNAIDS Bericht werden zwar viele Zahlen und Werte genannt, doch diese sind oft so wage, dass man sie kaum für diese Proseminararbeit verwenden konnte. Auch in weiteren Quellen fand ich nur regionale Analysen des AIDS Ausbruchs, doch übrt eine stetige Entwicklung, welche den ganze Kontinent umfasst, war eine Fehlanzeige. Es stellt sich auch die Frage, ob es möglich ist einen länderübergreifenden Statusbericht abzugeben. Dagegen steht, dass die Länder Afrikas große Differenzen in ihrer kulturellen, politischen und sozialen Struktur aufweisen.

Jedenfalls wurde in der Vergangenheit das AIDS Problem oftmals stark unterschätzt, was meiner

---

44 http://www.nationmaster.com/red/country/sf-south-africa/cri-crime&b_cite=1, zugegriffen am 28.07.2009
45 Report on Global AIDS epidemic: December 2005, S. 34-35

Meinung nach erst die Entwicklung von einer Epidemie zur weltweiten Pandemie ermöglichte. In diesem Sinne möchte ich meine Arbeit mit einem berühmten Zitat von Golo Mann abschließen: „Immer hat Geschichte zwei Komponenten: das, was geschehen ist, und den, der das Geschehene von seinem Orte in der Zeit sieht und zu verstehen sucht. Nicht nur korrigieren neue sachliche Erkenntnisse die alten; der Erkennende selber wandelt sich. Die Vergangenheit lebt; sie schwankt im Lichte neuer Erfahrungen und Fragestellungen." Es wäre in der Zukunft äußerst hilfreich, diese Erkenntnis auch im Kampf gegen AIDS anzuwenden.

Literaturverzeichnis

Literarische Quellen

Ausschuss für wirtschaftliche Zusammenarbeit und Entwicklung Öffentliche Anhörung am 11. Mai 2005,,, Internationale Koordinierung und Harmonisierung der Bekämpfung von HIV/Aids", Deutscher Bundestag, S.2

Der AIDS-Epidemie Status Bericht: Dezember 2001

Der AIDS Epidemie Status Bericht: December 2004

Der AIDS Epidemie Status Bericht: December 2005

Der AIDS Epidemie Status Bericht: December 2007

Der Fischer Weltalmanach 2008, Fischer Taschenbuch Verlag in der S. Fischer Verlag GmbH, Frankfurt am Main 2008.

P. Chigwedere, G. Seage, S. Gruskin et al.: Estimating the Lost Benefits of Antiretroviral Drug Use in South Africa.: J Acquir Immune Defic Syndrome 2008 In: J Acquir Immune Defic Syndrome, October 2008

Ministry of Health and Social Welfare Swaziland (2005). 9th round of national HIV serosurveillance in women attending antenatal care services at health facilities in Swaziland: survey report. March. Ministry of Health & Social Welfare Swaziland. Mbabane.

Ministry of Health Uganda (2005). Uganda HIV/AIDS Sero-behavioural Survey 2004-05: Preliminary Report. Ministry of Health. Kampala

Nko S et al. (2004). Secretive females or swaggering males? An assessment of the quality of sexual partnership reporting in rural Tanzania. Social Science & Medicine, 59:299-310.

N. Nattrass: AIDS and the Scientific Governance of Medicine in Post-Apartheid South Africa. In: African Affairs 2008 107(427):157-176

Sudan National AIDS Control Program (2004a). Antenatal situation analysis & behavioral survey: results and discussions. Khartoum.

Sudan National AIDS Control Program (2004b). Antenatal situation analysis & behavioral survey: results and discussions. Khartoum.

WHO (2005), Multi-country study on women's health and domestic violence against women. Geneva.

WHO (2005a), World Health Report 2005. Geneva.

Internetquellen

Die Zeit Online, http://www.zeit.de/online/2006/22/aids-virus-herkunft?page=1, zugegriffen am 27.04.2009 14:47

http://www.bpb.de/themen/5VV3TA,0,0,Im_Kampf_gegen_HIVAids.html, zugegriffen am 28.04.2009 12:23

WELT online, http://www.welt.de/print-welt/article522706/Afrika_und_Aids.html, zugegriffen am 27.04.2009 16:36

Spiegel Online, http://www.spiegel.de/politik/ausland/0,1518,584738-2,00.html, zugegriffen am 27.04 16:4

WELT online, http://www.welt.de/print-welt/article522706/Afrika_und_Aids.html, zugegriffen am 27.04.2009 16:53

Spiegel Online, http://www.spiegel.de/panorama/0,1518,613810,00.html, zugegriffen am 27.04 17:16

Weltbank Online Daten Bank,
http://web.worldbank.org/WBSITE/EXTERNAL/COUNTRIES/AFRICAEXT/EXTAFRHEANUTPOP/EXTAFRR
EGTOPHIVAIDS/0,,contentMDK:21371947~menuPK:3880580~pagePK:34004173~piPK:34003707~theSitePK:71
7148,00.html, zugegriffen am 28.04.2009 12:31

Treatment Acceleration Program, http://www.uneca.org/tap/, zugegriffen am 28.04.200913:35

The Three Oneshttp://www.unaids.org/en/CountryResponses/MakingTheMoneyWork/ThreeOnes/, zugegriffen am 28.04.2009 14:47

Afrika Info, http://www.afrika.info/archiv_detail.php?N_ID=118&kp=news, zugegriffen am 29.04.2009 18:20

Vanguard African Online Newspaper, http://www.vanguardngr.com/articles/2002/headline/f130122006.html, zugegriffen am 20.07.2009

Nationmaster Daten Bank Südafrika, http://www.nationmaster.com/red/country/sf-south-africa/cri-crime&b_cite=1, zugegriffen am 28.07.2009